I0463374

Divulgación Científica

Octavo Volumen del Décimo Libro de la Serie

365 Selecciones.com

Pedro Daniel Corrado

Este octavo tomo pertenece al Décimo Libro de la Colección 365Selecciones.com, en donde tratamos temas relacionados con la Divulgación Científica. Los primeros nueve libros de la misma son los 365 Cuentos Infantiles y Juveniles, Poesías Clásicas y Libros Célebres, disponibles en el mismo sitio de internet.

En este tomo nos concentramos en todas las preguntas relacionadas con el planeta en el que vivimos, la Tierra.

Estaremos discutiendo aspectos básicos del Aire y de la Atmósfera, del Clima, y los fenómenos Ópticos de la Tierra.

Todos estos temas resultan un desafío didáctico explicarlo de una manera sencilla para todos los públicos. No obstante, estoy convencido que la antigua colección de Walter Montgomery Jackson lo logró, aunque mucho del material se encuentra completamente actualizado con los nuevos conocimientos.

Necesitamos animarnos a preguntar, ya que ésta fué la única manera de lograr adquirir conocimientos sólidos, y llegar a tener un pensamiento autónomo y capacidad de sana crítica.

La lectura como permanente ejercicio ayuda a disciplinar nuestro intelecto y nuestro espíritu, dotándolos de gran precisión para expresar nuestras propias ideas, y fortalecer de esta manera nuestra independencia de criterio.

Si Usted es una persona adulta, ya formada, se sorprenderá de descubrir que hay mucho material que le será útil volver a leerlo, ya que hay mucha información científica actualizada. Si eres una persona joven te ayudará a entrelazar muchos conocimientos que adquirió en la escuela secundaria.

Si eres un niño o niña, o adolescente, quiero que sepas que he escrito esta colección de divulgación científica especialmente para ti. Los libros nos acompañan toda la vida, y tener una biblioteca propia es de fundamental importancia para abordar los estudios secundarios, terciarios y universitarios.

No te desanimes si hay muchas discusiones que no puedes comprenderlas de inmediato; verás que la manera de abordar cualquier conocimiento es la lectura frecuente, una y otra vez de lo que no hemos entendido, y verás que todo se va aclarando paulatinamente. La paciencia y persistencia es la llave del éxito.

Los otros libros de la Colección incluyen Cuentos Sagrados; Cuentos de la Naturaleza; Cuentos de Reyes y Reinas, Princesas y Príncipes; Cuentos Variados; Cuentos de Hadas, Duendes y Gnomos, Cuentos Heroicos, Poemas Clásicos y Libros Célebres. También estaremos publicando libros de Arte.

Agradezco vuestra confianza y espero que esta colección sea un verdadero Tesoro de toda la familia para toda la vida.

Copyright © 2017 Pedro Daniel Corrado

All rights reserved.

ISBN-13: 978-1542833080 - ISBN-10: 1542833086

Es el acceso directo al conocimiento

EDITORIAL HIGHWAY ES PROPIEDAD DE PATH SOCIEDAD ANÓNIMA ARGENTINA

Editorial HIGHWAY es un emprendimiento de PATH Sociedad Anónima, Argentina. Nos ocupamos de editar y difundir contenido Cultural, Educativo, Científico y Tecnológico de gran calidad pedagógica que forma la base del aprendizaje de toda persona que quiera cultivarse, al mismo tiempo que se entretiene.

Estamos interesados en editar todo tipo de material que profese una alta calidad espiritual e intelectual, que ayude a la niñez y a la juventud, así como a las personas adultas y mayores, en la permanente formación de valores cristianos, y que impulse el espíritu de independencia de criterio y solidez interpretativa, fomentando al mismo tiempo la educación continua.

Estaremos gustosos de recibir sus correos, así que no dude en escribirnos.

Vea todas las Novedades en nuestro sitio www.365selecciones.com

Correo Electrónico: info@365selecciones.com

PATH SOCIEDAD ANONIMA DE ARGENTINA

Clave Fiscal: 30-64999935-6

HIGHWAY es marca registrada de PATH Sociedad Anónima N° 1.789.936 para la Clase 38

CONTENIDO

DEDICACION

Deseo dedicar toda esta obra a mi madre Alcira Sorani, quien siempre fue mi sostén en todo momento, y a todos los docentes que me formaron desde mi niñez. Deseo dedicarla también a los Sagrados Corazones de Jesús y la Virgen María, a San Alberto Magno, Santo Tomás de Aquino, San Ignacio de Loyola, y a todos los mártires cristianos.

RECONOCIMIENTOS

Deseo las mayores bendiciones espirituales y materiales para todos mis maestros, profesores, amigos y bienhechores. Un especial recuerdo para el Dr. Luis Enrique Smidt, quien me ayudó y guió en mis comienzos como profesional independiente, así como a la Dra. Viviana Andrea Lerchundi y la Dra. Estela Marta Coria. A mi querida hermana Graciela Alcira y Carlos Martín Erwin Neumann, ambos amigos y socios. Un especial reconocimiento para Walter Montgomery Jackson a quien solo conocí a través de múltiples lecturas que formaron la base de muchos de mis conocimientos.

EL AIRE Y LA ATMÓSFERA DE LA TIERRA

La atmósfera terrestre es un área de estudio e investigación intensivo y dinámico hasta nuestros días, en donde se van descubriendo nuevos fenómenos físicos y químicos asociados con ella. Es absolutamente vital para la supervivencia de la vida en la Tierra entender todos los procesos involucrados aquí, desde el llamado cambio climático hasta el agujero de la capa de ozono, asociado a enfermedades cancerígenas de la piel.

¿PODRÍAMOS DEFINIR LA ATMÓSFERA?

La atmósfera terrestre es la parte gaseosa de la Tierra, siendo por esto la capa más externa y menos densa del planeta. Está constituida por varios gases, que varían en cantidad según la presión a diversas alturas.

Esta mezcla de gases que forma la atmósfera recibe genéricamente el nombre de **aire**. El 75 % de masa atmosférica se encuentra en los primeros 11 km de altura, desde la superficie del mar.

Los principales elementos que la componen son el oxígeno (21 %) y el nitrógeno (78 %):

Nitrógeno: constituye el 78 % del volumen del aire. Está formado por moléculas que tienen dos átomos de nitrógeno, de manera que su fórmula es N_2. Es un gas inerte, es decir, que no suele reaccionar con otras sustancias.

Oxígeno: representa el 21 % del volumen del aire. Está formado por moléculas de dos átomos de oxígeno y su fórmula es O_2. Es un gas muy reactivo y la mayoría de los seres vivos lo necesita para vivir.

Otros gases: del resto de los gases de la atmósfera, el más abundante es el argón (Ar), que contribuye en 0,9 % al volumen del aire. Es un gas noble que no reacciona con ninguna sustancia.

Dióxido de carbono: está constituido por moléculas de un átomo de carbono y dos átomos de oxígeno, de modo que su fórmula es CO_2. Representa el 0,03 % del volumen del aire y participa en procesos muy importantes.

Las plantas lo necesitan para realizar la fotosíntesis, y es el residuo de la respiración y de las reacciones de combustión. Este gas, muy por detrás del vapor de agua, ayuda a retener el calor de los rayos solares, y contribuye a mantener la temperatura atmosférica dentro de unos valores que permiten la vida.

Ozono: es un gas minoritario que se encuentra en la estratosfera. Su fórmula es O_3, pues sus moléculas tienen tres átomos de oxígeno. Es de gran importancia para la vida en nuestro planeta, ya que su producción a partir del oxígeno atmosférico absorbe la mayor parte de los rayos ultravioleta procedentes del Sol.

Vapor de agua: se encuentra en cantidad muy variable y participa en la formación de nubes. Junto con el dióxido de carbono, es el principal causante del efecto invernadero.

Partículas sólidas y líquidas: en el aire se encuentran muchas partículas sólidas en suspensión, como por ejemplo, el polvo que levanta el viento o el polen. Estos materiales tienen una distribución muy variable, dependiendo de los vientos y de la actividad humana. Entre los líquidos, la sustancia más importante es el agua en suspensión que se encuentra en las nubes.

Las corrientes de aire reducen drásticamente las diferencias de temperatura entre el día y la noche, distribuyendo el calor por toda la superficie del planeta. Este sistema cerrado evita que las noches sean gélidas, o que los días sean extremadamente calientes.

La atmósfera protege la vida sobre la Tierra absorbiendo gran parte de la radiación solar ultravioleta en la capa de ozono. Además, actúa como escudo protector contra los meteoritos, los cuales se desintegran en polvo a causa de la fricción que sufren al hacer contacto con el aire.

Existen distintas capas de la atmósfera: la **Tropósfera**, en donde ocurren todos los eventos climáticos como vientos y tormentas. Su altura se extiende hasta los 6 kilómetros desde la superficie de los polos, y unos 18 a 20 kilómetros en el Ecuador, ambos desde la superficie de la Tierra. La temperatura puede descender hasta los 50° bajo cero.

Luego viene la segunda capa denominada **Estratósfera**,, desde el fin de la Tropósfera (20 kms) hasta los 50 kms de altitud aproximadamente.

Aquí es donde la actividad de los rayos ultravioletas procedentes del Sol descomponen los átomos de oxígeno del aire re configurando los dos átomos de oxígeno que conforman el aire, transformándolos en tres átomos de oxígeno, llamado **ozono**, lo que constituye un manto protector contra esos mismos rayos ultravioleta en la superficie de la Tierra.

Uno de los problemas principales de las últimas décadas ha sido el continuo adelgazamiento de esta capa de ozono, debido a la presencia de contaminantes, como pueden ser los compuestos clorofluorocarbonados (CFC), que suben hasta la alta atmósfera, donde catalizan la destrucción del ozono más rápidamente de lo que se regenera, produciendo así el agujero de la capa de ozono.

Este proceso de recombinación de los átomos de oxígeno eleva la temperatura de la estratósfera hasta los 3° bajo cero.

La tercera capa es la **Mesosfera.**, que se extiende entre los 50 y 80 km de altura, contiene solo el 0.1 % de la masa total del aire. Es la zona más fría de la atmósfera, pudiendo alcanzar los 80 °C bajo cero.

Esta capa es importante por las reacciones químicas que ocurren en ella, y es decisiva para los cosmonautas, ya que allí es donde se produce el freno al descenso de la caída hacia la Tierra, el llamado freno aerodinámico, y en donde se desintegran la mayoría de los meteoritos.

La cuarta capa es la **Termósfera o Ionósfera**, que abarca desde los 80 kms hasta los 600/800 km. Si el Sol está activo, las temperaturas en la Termósfera pueden llegar a 1.500°C e incluso más altas, aunque si nos situáramos en ella con un traje protector contra radiaciones, no percibiríamos dicho calor, ya que la densidad del aire es muy tenue.

Esta capa es fundamental, ya que al estar conformada por gases ionizados de la atmósfera debido al impacto de los rayos de alta frecuencia, y en consecuencia de alta energía como los rayos Gamma y rayos X, procedentes del Sol, descomponen las moléculas de aire en iones. Estos iones forman como un techo electromagnético que facilita las comunicaciones radioeléctricas desde cualquier logar de la superficie a otro situado a gran distancia.

En esta región es donde se producen las **auroras boreales**.

La quinta y última capa de la atmósfera de la Tierra es la **Exosfera.** Que se sitúa desde los 600/800 kms hasta los 2000/10 000 km, medidos desde la superficie de la Tierra. Esta es el área donde los átomos se escapan hacia el espacio. Es la zona de tránsito entre la atmósfera terrestre y el espacio interplanetario.

¿PRODUCE LA TIERRA EL AIRE QUE RESPIRAMOS?

El aire que respiramos forma parte de la Tierra, y así ha sido desde el principio del mundo.

En época muy remota la Tierra entera se hallaba en estado gaseoso, y lo que ahora designamos con el nombre de aire, es sencillamente la parte de nuestro planeta que conserva todavía dicho estado, y que como pesa menos que sus partes sólidas y líquidas, se mantiene sobre ellas, y forma alrededor de nuestro globo una envoltura espesa y continua.

Todos los soles y planetas de grandes dimensiones se hallan rodeados de una capa semejante. No debemos decir que ésta sea producida por la Tierra, sino que es la parte de ella que permanece en estado gaseoso.

Con el mismo fundamento podríamos preguntar: ¿Produce la Tierra el agua que bebemos?.

Sin embargo, es muy cierto que la Tierra se fabrica su propio aire en

el sentido de que la composición de la atmósfera es alterada de continuo por los fenómenos que constantemente se verifican en la superficie de su corteza sólida y sus mares.

Ciertos gases pasan continuamente de los seres vivientes, y del mar, a la atmósfera, al paso que con otros ocurre lo contrario. Cada chubasco altera en cierto grado la composición del aire, e igual efecto produce cada aliento que exhalamos.

¿POR QUÉ NO SE GASTA NUNCA EL AIRE?

Bien podemos decir que, en cierto modo, se ha consumido ya gran cantidad de aire; porque sabemos que la mayor parte de la corteza terrestre, incluso toda el agua de los mares, ha pasado por una combustión para la que ha debido consumirse gran cantidad del oxígeno del aire.

Esto hubo de ocurrir en tiempos remotísimos, cuando los seres vivientes no habían hecho aún su aparición sobre la tierra.

El aire, en la actualidad, se gasta constantemente, o mejor dicho, su oxígeno, por la respiración de dichos seres; mientras su nitrógeno es utilizado por ciertos microbios, y hasta hoy día, por los hombres, sirviéndose al efecto de la electricidad; y, por último, las plantas verdes se asimilan con el dióxido de carbono del aire, que les sirve de alimento.

Estos procesos, sin embargo, no gastan nunca el aire, pues el gasto, y la producción de estos gases se equilibran de continuo. **Existe una compensación por lo que respecta al oxígeno, pues todas las plantas verdes, bajo la influencia del sol, exhalan constantemente buena** cantidad de este gas, suficiente tal vez para. compensar la que entre ellas mismas, los animales y los hombres consumen en la respiración.

Por lo que respecta al nitrógeno, fácil es demostrar que se compensan sus pérdidas, porque cuando mueren las plantas y animales, se descomponen sus cuerpos, y la mayor parte del nitrógeno que contienen, que habían tomado del aire, vuelve a él.

Por último, el dióxido de carbono que las plantas toman del aire, es compensado por el que, al respirar, exhalan todos los seres vivientes.

¿QUÉ ES LO QUE RETIENE EL AIRE ALREDEDOR DE LA TIERRA?

Lo único que retiene el aire alrededor del globo terrestre es la fuerza de gravedad; hay, en cambio, otras muchas fuerzas, por efecto de las cuales, ese aire tiende a escaparse.

Al recorrer el espacio, la tierra, en cualquier punto de su órbita, tiende siempre a moverse en línea recta, en vez de girar alrededor del sol; y como da vueltas sobre sí misma, los átomos del aire tienen tendencia a ser despedidos, como las gotas de agua de un paraguas al que se ha impreso un movimiento de rotación.

Si la velocidad de los átomos o moléculas de los gases atmosféricos excede de cierto límite, serán proyectados hacia el espacio. Es casi seguro que de este modo se pierde constantemente aire, no pudiendo, por tanto, decirse que la atmósfera es retenida por completo en torno del globo terráqueo.

Si la tierra fuese más pequeña, no podría conservar una envoltura atmosférica tan densa como la que tiene ahora, y la pérdida de aire

resultaría mucho más rápida.

Esto es probablemente lo que ha ocurrido en el planeta Marte, que es más viejo y más pequeño que la Tierra, de manera que ha transcurrido más tiempo desde que su atmósfera empezó a escaparse, sin que, por otra parte, sea tan grande la fuerza que la retiene. Así es que Marte tiene una atmósfera sumamente enrarecida; y la Luna, que todavía es más pequeña, ya no tiene atmósfera de ninguna especie.

¿NOS REPORTA ALGUNA VENTAJA EL QUE LOS GASES CALIENTES SE ELEVEN A LAS ALTAS REGIONES DE LA ATMÓSFERA?

Un mechero de gas puede ayudar a ventilar una habitación, porque establece una corriente de aire. **Si los gases calientes no tuviesen la propiedad de elevarse, ni nosotros podríamos vivir,** ni los hornillos, ni mecheros de gas, ni otra cosa cualquiera, arder por más de un segundo o dos.

Los gases que se producen, cuando se quema algo, arden también a su vez, y no pueden, por tanto, ni quemarse nuevamente, ni alimentar la combustión de cosa alguna. Bien puede decirse que su vida y poder terminaron para siempre.

Estos gases son, en su mayor parte, dióxido de carbono y vapor de agua, hallándose ambos completamente oxidados, pues el carbón del uno, y el hidrógeno del otro quedan combinados con todo el oxígeno que pueden contener, y ninguno de ellos lo cederá para quemar otro cuerpo.

Así pues, si los gases calientes no se elevasen, dejando sitio al aire puro, que suministra el oxígeno para la combustión, ésta no podría durar mucho tiempo, ya que sabemos que la combustión no puede verificarse en una atmósfera enteramente de dióxido de carbono y vapor de agua, que estaría envolviendo al cabo de unos segundos enteramente al objeto que se está quemando, si los gases calientes no propendieran a ganar las regiones superiores a causa de su menor densidad, dejando paso a una nueva oleada de aire nuevo, que contenga mas oxígeno que mantenga la combustión encendida.

¿POR QUÉ NO INTERCEPTA EL AIRE LA LUZ DEL SOL?

El aire intercepta gran parte de la luz que el Sol nos envía. Sabernos que la naturaleza de los rayos de luz y de calor es una misma, y el Sol nos los envía de ambas clases, siendo gran parte de ellos interceptados por la atmósfera.

El Sol, la Luna y las estrellas brillan con claridad mucho mayor, cuando nos elevamos en un globo, o si los contemplamos mediante un telescopio colocado en la cima de una montaña elevada, que si los observamos con otro situado al nivel mismo del mar, por la sencilla razón de que la luz que nos envían tiene que pasar por menos capas de aire para llegar a nuestros ojos.

El aire es una envoltura inmensa que evita el paso de gran cantidad de luz y de calor desde el espacio a la tierra, y al contrario. Si la atmósfera no existiera, las cantidades de luz y de calor del Sol que llegan hasta la tierra, serían mucho mayores que ahora.

La Luna no tiene atmósfera; pero si la tuviera, a pesar de no existir agua en ella que pueda formar nubes, no tendría tanto brillo, porque gran parte de la luz solar sería absorbida por ella.

¿POR QUÉ NO VEMOS EL AIRE?

No podemos ver el aire porque es transparente, lo mismo que el cristal; es decir, que deja pasar la luz a través de su masa.

No se crea por eso que no afecta a la luz en absoluto; por ejemplo, la luz que de las estrellas nos llega, se desvía o tuerce un poco en su camino, al penetrar en la atmósfera, de suerte que jamás podemos ver a estos astros en el lugar del cielo donde realmente se encuentran.

Cuando nosotros alteramos directamente una parte del aire respecto al que le rodea, de suerte que desvíe la luz un poco más o un poco menos, algo se nota entonces a nuestra vista.

En cierto modo, pueden verse algunas veces los movimientos del aire encima de un mechero de gas.

También es posible mudar el estado del aire, de modo que se haga visible bajo de su nueva forma. Se le puede enfriar hasta licuarlo, y entonces puede vórsele en una forma, muy semejante al agua; y, si se le enfría más aún, se logra solidificarse, con lo que adquiere el aspecto de un trozo de hielo.

El aire, por fortuna, carece de color propio, de suerte que no altera el de la luz que pasa por él, lo que equivaldría a alterar los colores de los objetos vistos por entre su masa.

Algunos gases tienen color propio, amarillo, verde, etc., y si se les hace penetrar en los que componen el aire, se los ve perfectamente; o bien, si se inyecta una cantidad de aire en un gas de espléndido color amarillo, será posible verlo gracias al contraste que resulta.

¿POR QUÉ ES PESADO EL AIRE?

La pesantez de los cuerpos es debida a la atracción de la Tierra., como lo discutimos en el tomo anterior, cuando discutimos la Gravedad de la Tierra. Cuanto mayor es la cantidad de materia que contiene un cuerpo, o de otro modo, cuanto mayor es su masa, mayor es también su peso, porque mayor es la atracción que ejerce la Tierra sobre él, y él sobre la Tierra.

Se nos hace difícil comprender que el aire pueda pesar, porque no nos podemos habituar fácilmente a la creencia de que el aire sea un cuerpo. A veces lo comparamos a la nada; pero nadie que lo haya visto en estado líquido o sólido podrá dudar de que sea un cuerpo.

CAMBIO SOBREVENIDO EN UNA NOCHE

Ciudad minera en el territorio de Alaska, durante el verano. Su aspecto es igual al de cualquier otra ciudad de las que conocemos, situadas en las zonas tropicales y templadas del globo terráqueo

La misma ciudad, durante el invierno. Asombra comprobar cómo una sola noche de nieve puede cambiar enteramente la faz de una parte del mundo, hasta el extremo de que llegue a parecer otro lugar

Por consiguiente, tanta razón hay para preguntar por qué pesa el plomo, como para inquirir por qué pesa el aire.

Una manera de contestar a ambas preguntas a un tiempo, consiste en decir que la Tierra es la causante de la pesantez de los cuerpos, porque si ella no los atrajera, carecerían de peso, o, por mejor decir, tendrían un peso pequeñísimo procedente de la atracción del Sol.

Ocurre, sin embargo, que este astro, a pesar de su inmenso volumen, está tan lejos, y la Tierra tan cercana, que la pesantez de los cuerpos, lo mismo del aire que del plomo, que de cualquier otra substancia, se debe casi en absoluto a la Tierra.

SIENDO LA PRESIÓN ATMOSFÉRICA DE 1.033 GRAMOS SOBRE CADA CENTÍMETRO CUADRADO, ¿CÓMO NO NOS APLASTA?

Dos respuestas distintas pueden darse a esta pregunta. En primer lugar, hay muchas cosas que poseen la fuerza necesaria para resistir una presión de 1.033 gramos por centímetro cuadrado sin ser aplastadas. Un trozo de acero, por ejemplo, puede ser sometido a una presión muchísimo mayor.

Sin embargo, es cierto que muchísimas otras cosas, y entre ellas nuestros cuerpos, no podrían resistir tal presión, si no fuese porque la soportamos en todas direcciones. De no ser así, nuestros cuerpos quedarían, si no aplastados del todo, al menos extraordinariamente deformados.

Pero el aire es un gas, o una mezcla de gases,—que para el caso es idéntico—y una de las propiedades de los gases es que las presiones que ejercen son iguales en todas direcciones.

Por eso, al mismo tiempo que la cabeza es oprimida hacia abajo, son simultáneamente oprimidos hacia dentro los costados, y por eso no somos aplastados. Así pues, siendo igual la presión en todas direcciones, es hasta cierto punto, igual que si no existiera.

¿QUÉ SUCEDERÍA SI, EN UN MOMENTO DADO, DEJASE DE EXISTIR LA PRESIÓN ATMOSFÉRICA?

Supongamos que encontrásemos la manera de tomar una parte de nuestro cuerpo, un brazo, por ejemplo, y de hacer que la presión atmosférica dejase de actuar sobre él, o de disminuirla considerablemente, por lo menos. La presión atmosférica dejaría de ser la misma en todo nuestro cuerpo, y ocurriría seguramente algo extraño.

Supongamos que tenemos un dolor en el brazo o en la espalda. A veces, el mejor modo de hacerlo desaparecer es tomar un vaso, meter en él un trozo de algo que arda, y aplicar el vaso a la piel. Hay que cuidar de no quemarse; lo que se conseguirá disponiendo las cosas de modo que el vaso quede boca arriba y no al revés.

La combustión de la torcida consumirá el oxígeno que hay dentro del vaso, y la presión descenderá en su interior notablemente. Lo que en realidad hemos hecho, ha sido suprimir la presión atmosférica del pequeño círculo de piel que cubre el vaso, mientras el resto del cuerpo continúa como antes.

Pues bien, observemos ahora los efectos de la presión atmosférica. Como actúa sobre todo el cuerpo, excepción hecha del pequeño trozo de piel, oprime los líquidos de nuestro organismo haciéndolos pasar a la parte en que está aplicado el vaso.

Esta parte se hincha más y más, y se eleva dentro del vaso, formando una especie de pelota de aspecto bien grotesco. He aquí los efectos de la supresión de la presión atmosférica en una parte del cuerpo. Daño no recibimos con ello realmente, sino al contrario, un beneficio, pues con frecuencia nos libra de un dolor.

Después, si introducimos un objeto cualquiera entre el borde del vaso y la piel, a fin de que penetre el aire en su interior, aquél se desprenderá al punto, y entonces la misma presión atmosférica, al actuar de nuevo sobre el círculo de piel mencionado, hace que las substancias fluidas en él acumuladas, se dispersen otra vez, y no tarda en bajar la hinchazón. Tal es lo que se llama «aplicar una ventosa».

¿SE TRANSMITE EL OLOR POR MEDIO DE LAS ONDAS DEL AIRE?

Esta es una pregunta muy interesante, y las personas que hacen semejantes indagaciones son las que más ayudan al progreso de los conocimientos humanos, pues demuestran que piensan y discurren. Las preguntas irreflexivas carecen de utilidad, generalmente.

El sonido, como ya sabemos, es una onda que se propaga en el aire ; el calor que sentimos cuando nos sentamos al amor de la lumbre, es también una onda que se transmite en el aire; y la luz es una onda que camina a través del aire.

Si, pues, estas ondas explican nuestras sensaciones de luz, de calor y de sonido ¿por qué no han de explicar también las del olfato ?. **Y sin embargo, el olor no se transmite por medio de ondas a lo largo del aire.**

El principal distintivo del olfato y el gusto, es que ambos tienen que ser actuados por contacto. Es indispensable el contacto material de ciertas partículas con la lengua o las fosas nasales. No podemos oler ni gustar a distancia.

Alguien nos objetará que esto no es cierto, cuando del olfato se trata;

empero la objeción no es atinada.

Nos parece que olemos a distancia, cuando adivinamos de dónde viene el olor; pero lo que en realidad acontece es que las pequeñas partículas de los objetos que tienen olor son transportadas por el aire y se introducen en la nariz, lo cual es completamente distinto de lo que ocurre con los demás sentidos.

El olfato sería semejante al oído, si oliésemos un grano de almizcle, o un frasco abierto de esencia, colocados en una habitación, donde el almizcle o la esencia produjesen ondas especiales en el aire o en el éter; pero esto no es así; **lo que ocurre es que el aire nos trae a la nariz porciones de esta substancia.**

¿POR QUÉ NO MATA A LOS MINEROS EL AIRE VICIADO QUE SE RESPIRA EN LAS MINAS?

El aire de muchos de esos lujosos almacenes de modas que existen en las ciudades importantes ya han adquirido fama mundial, y el de centenares de miles de habitaciones de dormir, durante la noche, se halla mucho más viciado que el de las minas hoy día.

La ventilación es uno de lo grandes problemas de las minas de carbón, y uno de los primeros a que debe atenderse. Año tras año vamos sacando carbón de las minas; y al presente, el aumento que experimenta la cantidad extraída cada año es mayor que la cantidad total que se extraía en el mismo período de tiempo en épocas no lejanas. Aún en nuestros días casi la mitad de nuestras centrales eléctricas se alimentan con carbón, principalmente Estados Unidos y China.

Así pues, los mineros tienen que internarse más cada vez en las galerías de las minas, a veces varios kilómetros a partir del pozo de bajada, y es preciso que encuentren en todas partes el aire que necesitan para que su existencia sea posible.

El problema se ha simplificado, sin embargo, en los últimos tiempos, pues ahora se hace uso con frecuencia de la electricidad para el alumbrado de las minas, economizándose de esta suerte el oxígeno que antes consumían las lámparas.

Los defectos de la ventilación son, en casi todos los casos, los causantes de las explosiones que ocurren en las minas de hulla, y acaso también de otros accidentes, que tienen por causa los deplorables efectos que el aire impuro produce en el estado de ánimo, la vigilancia y el cuidado de los mineros.

Desde que se pensó en la importancia de una buena ventilación para evitar toda clase de accidentes, se ha adelantado mucho en los procedimientos empleados para obtenerla.

Un método demasiado costoso, pero de resultados excelentes para lograr que haya aire puro en el interior de las minas de carbón, es introducir en sus galerías aire líquido, que ocupa un espacio muy pequeño, y que se convierte con extraordinaria rapidez en aire puro y a propósito para la respiración. Se han dispuesto instalaciones especiales para que las personas que intenten el salvamento del personal comprometido a consecuencia de un accidente, en lugares donde nadie pueda saber qué atmósfera se ha de encontrar, no se vean amenazadas por el mismo peligro, de que tratan de librar a los otros.

¿PERECERÁ EL ÚLTIMO HOMBRE POR FALTA DE OXÍGENO?

Se ha dicho que el oxígeno del aire se va consumiendo lentamente; que va aumentando la cantidad que en éste existe de dióxido de carbono y que a la larga este gas, que es más denso que el aire, llenará los valles y lugares bajos, y los hombres tendrán que trasladar su residencia a las montañas.

Y más tarde crecerá gradualmente este océano de dióxido de carbono, obligando a los hombres a elevarse más y más en busca del oxígeno, que les es indispensable; y los habitantes del globo se harán cada vez más escasos hasta que, por fin, el último perecerá asfixiado, buscando aire en la cumbre de alguna elevada montaña.

Pero se observa generalmente que cuando en la naturaleza hay algo que parece que marcha hacia su fin en una dirección determinada, hay siempre otra cosa que viene a compensarlo; y esto es lo que sucede con el oxígeno y el dióxido de carbono del aire.

Cuando la cantidad de este último tiende a aumentar, el mar absorbe su exceso, de suerte que el temor de que tengamos que subir a las montañas en busca de aire oxigenado, carece de fundamento.

Por otra parte, el mundo vegetal verde está siempre produciendo nuevo oxígeno que extrae del dióxido de carbono. En éste y otros parecidos fenómenos estriba lo que solemos llamar el equilibrio de la Naturaleza.

¿ES PERJUDICIAL EL AIRE DE LA NOCHE?

En primer lugar, todo aire es aire de la noche, mientras el Sol permanece oculto, de suerte que, si es perjudicial, tenemos forzosamente que pasarnos media vida respirándolo, expuestos de continuo a sus perniciosos efectos.

Pero esto, es en realidad, una superstición que carece de todo fundamento. **El aire de la noche es más puro que el del día**, pues contiene menos suciedad y polvo, y menor cantidad de dióxido de carbono que con tanta abundancia inyectan en su masa los hornos y los hogares.

Lo cierto es que, en muchas partes del globo, incluso en aquellas de donde recibimos nuestra civilización y muchas de nuestras supersticiones, es muy peligroso salir al exterior durante las horas de la noche.

Las personas que lo hacen se exponen a contraer una grave enfermedad, conocida con el nombre de paludismo, lo cual indujo a pensar, naturalmente, que la noche y la obscuridad alteraban el aire en cierto modo, haciéndolo venenoso.

Pero en la actualidad se sabe que estas fiebres son debidas a un germen que inyecta en nuestra sangre al picarnos una especie de mosquito. Si este mosquito no nos comunica este germen, no contraemos dicha enfermedad.

Ahora bien, como los mosquitos suelen, generalmente, picar más en la noche, de aquí que el verdadero peligro del aire de la noche sea el mosquito que produce el paludismo.

¿EL AIRE VICIADO ES MAS LIGERO QUE EL PURO?

En este particular nos hallamos expuestos a padecer un error, porque hay otras muchas cosas que influyen en el peso del aire, además de la clase de materia que contiene, **y una de las más importantes es la temperatura.**

Es muy cierto que en una habitación, iglesia o teatro el aire es menos denso que el puro y se eleva en su consecuencia; pero esto no demuestra que el aire viciado sea más ligero que el puro.

El aire viciado por las personas o animales, las estufas, las luces de gas, las lámparas o las bujías, está caliente, porque es el producto de un proceso de combustión que tiene lugar, unas veces en el interior y otras en el exterior de nuestros cuerpos, proceso que produce calor, y es sabido que el aire caliente es .más ligero que el frío.

Pero, si aguardásemos a que este aire caliente se enfriase, veríamos que su parte impura era más pesada que el aire. **El gas más importante que contiene el aire impuro, es el dióxido de carbono,** el cual, en igualdad de temperatura, es más denso que el aire; por eso en las cavernas y minas donde se produce tiende a estacionarse lo más bajo posible.

Este es un hecho que ningún minero ignora, constituyendo un interesante experimento el hacer descender una lámpara a una antigua mina, o a un pozo, pues se observa que, cuando ha descendido a cierta distancia, se apaga, porque ha llegado al nivel que ocupa el dióxido de carbono.

¿POR QUÉ SE ELEVA NUESTRO ALIENTO EN EL AIRE?

Lo mismo exactamente que, según acabamos de explicar, ocurre con los gases calientes, sucede también con nuestro aliento. Si el dióxido de carbono y el vapor de agua que expelen los pulmones se estacionase alrededor de la boca y la nariz, tendríamos necesariamente que respirarlos de nuevo a la inspiración siguiente, en vez de respirar aire nuevo, y, de este modo, no tardaríamos en asfixiarnos.

Tan lejos está de ser así, que nuestro aliento obedece la ley de los gases calientes, y se eleva al instante en la atmósfera, de manera que, cuando respiramos de nuevo, hallamos ya aire puro bien saturado de oxígeno.

Claro es que podemos burlar las leyes de la naturaleza, si cometemos la necedad de confinarnos en habitaciones cerradas dotadas de techos bajos, en las cuales los gases que expelemos al respirar apenas pueden alejarse de las proximidades de nuestras narices, teniendo forzosamente que inspirar aire ya respirado, es decir, aire quemado ya; y esta es la razón por la cual las personas se ven acometidas de sueño, y aun llegan a desmayarse, en lugares mal ventilados.

También podemos burlar las leyes de la naturaleza, hasta cierto punto al menos, por otros medios. Por ejemplo, podemos colocar la cama al lado de una pared que impida que los gases que expelemos puedan alejarse con facilidad de nosotros. Las camas, de ser posible, deberían colocarse lejos de la pared; ya que no podamos hacerlo así, debemos procurar, por lo menos, no adosar a la pared el costado hacia el cual tenemos la costumbre de dormir.

Y la cuestión relativa a la ropa de cama nos sugiere una manera de poder gobernar nuestro aliento; un medio por el que los niños sienten especial predilección, porque a veces se creen más seguros en medio de la oscuridad, cuando se tapan las orejas.

¿ESTÁ EL AIRE MAS ENRARECIDO EN VERANO QUE EN INVIERNO?

Es cierto que, durante el verano, las manzanas y las hojas, y todos los vegetales se forman del aire en parte; pero no por eso nos atreveríamos a decir que éste se halle más enrarecido en verano que en invierno.

En primer lugar, es tan enorme su cantidad o masa, que todo el oxígeno que de él toman las plantas y animales para su nutrición, es una gota comparada con la inmensidad del océano de aire; y en segundo lugar, ocurren otros muchos fenómenos que contrarrestan los efectos de la vida vegetativa.

Por ejemplo, bajo de la influencia del Sol, se descomponen muchos de los productos de los organismos muertos, que yacen en la superficie del suelo; y el oxígeno que contienen, es devuelto al aire.

Así, pues, esta pregunta apenas merece ser contestada; y nos limitaremos a decir que todos los cambios que se efectúan entre la Tierra y el Aire, aunque son muy importantes, y de ellos depende la vida, afectan sólo a una parte pequeñísima de la masa de aire que rodea a la Tierra, la cual es mucho más enorme de lo que nos imaginamos.

¿A ADÓNDE VA A PARAR TODO EL AIRE MALO?

La contestación a esta pregunta será una lección provechosa, que nos enseñará a no emplear con demasiada ligereza las palabras malo y bueno.

Más prudente sería que pensásemos que, en última instancia, y según el destino que les asignemos, todas las cosas son buenas; lo cual es una verdad como un templo cuando de lo que llamamos aire malo se trata.

Por aire malo entendemos generalmente el **dióxido de carbono** procedente de nuestros pulmones, o de una chimenea, o de una lámpara, o de la respiración de los animales.

En un sentido, razón tenemos para calificar este aire de malo, porque es malo para nosotros; si el aire que damos a respirar a un animal contiene demasiado dióxido de carbono, dicho animal morirá.

Pero este mismo dióxido de carbono es esparcido por el viento, y por el movimiento de sus propias moléculas que se encuentran animadas, difundiéndose por igual en el aire.

Es digno de observar cuán similar y constante, dentro de pequeños límites, es la proporción de dióxido de carbono que contiene el aire, siempre y dondequiera que tenemos ocasión de analizarlo.

Este gas es de la mayor importancia para nuestra propia vida, a pesar de que lo califiquemos de malo, cuando lo encontramos en cantidades y parajes donde no debiera estar.

Sin él, todos los árboles y plantas verdes morirían de inanición; y, por tanto, todos los animales que se alimentan de plantas, perecerían también; y cuando todo en torno nuestro hubiese dejado de existir, claro está que nos extinguiríamos nosotros también.

¿POR QUÉ NO CAEN LOS PÁJAROS?

Sabemos que el aire constituye un gran océano, tan efectivo y real como los océanos de agua, siendo el vuelo de las aves en todo semejante al nadar de los peces.

Pero, indudablemente, en el momento en que interrumpe el pájaro su vuelo, cae lo mismo que una piedra, porque su cuerpo es más pesado que el aire. Todo el que ha cazado pájaros ha podido comprobar este fenómeno.

Sin embargo, aunque el cuerpo de las aves sea más pesado que el aire, es, no obstante, muy liviano, y se halla constituido del modo más admirable, con el fin de que resulte lo más ligero posible. Existen en su cuerpo espacios considerables llenos sólo de aire; y sus huesos, aunque fuertes, pesan poco.

Un cuerpo más pesado que el aire se puede sostener en éste si dispone de dos cosas: un plano de sustentación, y una fuerte corriente que pase por debajo. Por eso no caen los papeles que vemos volar en un día de viento; si no hubiera viento, se vendrían al suelo, y lo mismo ocurre si soltamos en el aire un papel hecho una pelota, aunque haya mucho viento.

Las aves tienen un plano de sustentación en sus alas, que al abrirlas y al moverlas por medio de su potente musculatura, producen la corriente que necesitan.

Pero si el ave cierra las alas, no hay plano ni corriente de aire, y cae al instante al suelo. Hay aves, como el cóndor o el albatros, que vuelan sin mover las alas, pero lo hacen aprovechando el viento, y por eso viven siempre en sitios muy abiertos, como el mar o las grandes alturas. Las palomas, las gaviotas y otras aves vuelan a veces así, aprovechando las corrientes de aire, sin duda para dar reposo a sus alas.

Podríamos generalizar esta pregunta discutiendo por qué vuelan los aviones.

La razón principal es que el aire posee masa, y en consecuencia densidad (masa por unidad de volumen), y es un fluido ligero. **Al tener masa, es el propio aire el que sostiene a cualquier otro elemento cuya densidad sea menor a la del propio aire.**

Si el objeto que quiera volar tiene una densidad ligeramente superior deberá intervenir una corriente de aire que le dé velocidad, y contrarreste la fuerza de gravedad, como es el caso del cometa.

Para objetos muy pesados y densos como las aeronaves se tiene que verificar un principio adicional denominado principio de Bernoulli. Éste dice que la presión del aire en movimiento a gran velocidad sobre una superficie aerodinámica, como el ala del avión, es menor que en el lado en donde el aire circula a menor velocidad.

La diferencia de presiones en ambos lados de la cara de un ala es lo que hace que el avión se pueda elevar. Para eso todos los aviones necesitan carretear en una pista previamente a gran velocidad.

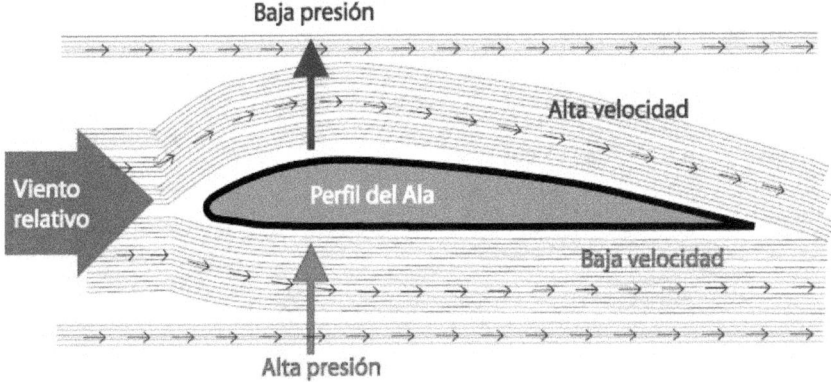

¿QUÉ ES LO QUE HACE VOLAR LOS COMETAS?

Estos tan conocidos juguetes de los muchachos nos prueban que el aire posee un gran poder para elevar los objetos, ya que los cometas no se caen a pesar de carecer en absoluto de alas. **El aire las sostiene.** Si se toma toda la materia de que está hecha una cometa, se hace un rollo con ella, y se la abandona en el aire, caerá como una piedra.

No es, pues, que la cometa esté hecha de una substancia menos pesada que el aire. Sabemos que el globo se eleva porque está lleno de un gas más ligero que el aire ; pero la corneta no contiene en su interior gas alguno, y, sin embargo, no cae.

Esto es debido a que su superficie es muy amplia, relativamente a su peso, y puede recibir, por lo tanto, sobre ella, gran cantidad de viento que lo sostiene en el aire.

Pero si no hubiese atmósfera, es decir un vacío, caería la cometa de igual modo que una piedra, como caerían también las aves, movieran o no sus alas. Ni la corneta, ni el pájaro, podrían sostenerse ni elevarse en la nada. No hay objeto o animal alguno que pueda flotar o volar en el vacío.

EL CLIMA DE LA TIERRA

Entender el clima de nuestro planeta ha llevado mucho tiempo de investigación a la Humanidad. Su conocimiento y predicción regula las cosechas, el transporte y todo aspecto crucial del desenvolvimiento humano. Todavía existen muchas incógnitas acerca de los factores que regulan el clima, en particular el calentamiento global o también llamado "cambio climático", que las futuras décadas irán seguramente resolviendo su magnitud e incidencia paulatinamente

¿SE DEBE EL FRÍO DEL INVIERNO A LA MAYOR DISTANCIA A QUE SE HALLA EL SOL DE LA TIERRA EN LA NOMBRADA ESTACIÓN?

Vimos en el tomo anterior cómo en los solsticios tenemos expuestos en el de verano al Trópico de Cáncer a los rayos solares, y viseversa en el solsticio de invierno. También aclaramos que en el perihelio – punto más cercano de la Tierra con el Sol – es invierno en el Hemisferio Boreal.

Es decir que la Tierra se halla más cerca del Sol en el invierno del hemisferio boreal, sino que se encuentra más cerca, por lo que la distancia que la separa de dicho astro no tiene nada que ver con el tiempo reinante, como vamos a demostrar en las siguientes preguntas.

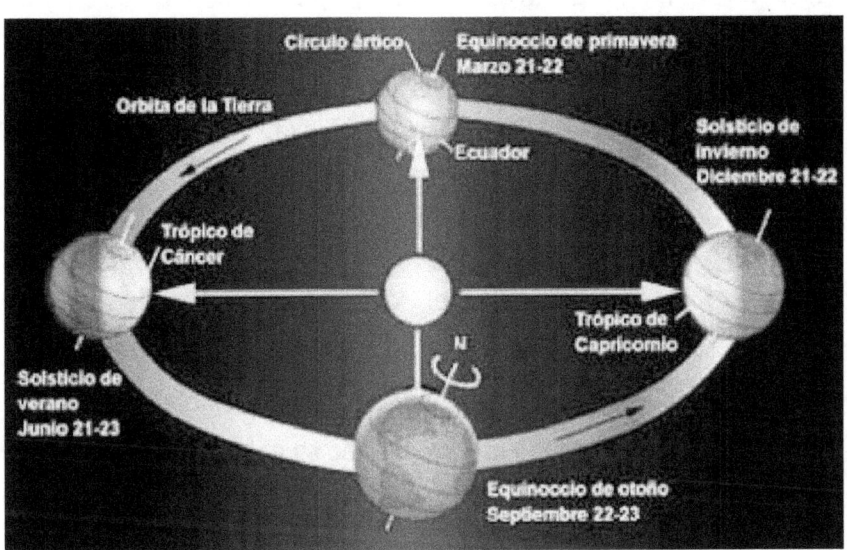

¿POR QUÉ EN LA INDIA MACE MÁS CALOR QUE EN ALASKA?

La respuesta anterior no puede menos de producirnos la impresión de que, por decir así, nos hallamos « entre dos fuegos ». Debajo de nosotros está el fuego de la Tierra; encima, el gran fuego del Sol.

Como quiera que sea, las diferencias que se observan en los diferentes puntos de la superficie de la Tierra—diferencias gracias a las cuales la India, por ejemplo, es más calurosa que Alaska,—nada tienen que ver con el calor subterráneo.

Toda la diferencia estriba en la forma de acción del calor del Sol sobre cada una de estas dos regiones. **La luz y el calor del Sol han de atravesar la atmósfera antes de llegar a la Tierra; y el aire, al ser invadido por esa luz y calor, retiene una buena porción de ambos.**

Por consiguiente, en las partes de la Tierra a donde los rayos del Sol llegan verticalmente a través de la atmósfera, hace más calor, y en ellas el Sol es más brillante.

En esas regiones del mundo, el Sol parece levantarse hasta el cenit, y sus habitantes **no encuentran otra protección contra los ardientes rayos solares que el simple espesor del aire.**

Pero en otros sitios, los rayos del Sol, irradian en dirección oblicua, debiendo por tanto recorrer más espacio, y atravesar, por consiguiente, mucha mayor cantidad de aire; por esto en ellas el Sol es menos brillante y mucho menos intenso su calor.

¿POR QUÉ HACE CALOR EN VERANO?

Lo primero que ocurre pensar es que la Tierra debe acercarse más al Sol en verano que en invierno, por lo que el aire está más caliente y los rayos solares queman más. Sabemos que la Tierra, en su movimiento de rotación alrededor del Sol, no describe un círculo, sino una curva oval, llamada elipse.

Pero lo cierto es que, aunque la Tierra se encuentra más próxima al Sol durante una parte del año que durante el resto del mismo, se halla más cerca de él cuando es invierno, y más lejos cuando es verano, en el hemisferio Norte.

Esto, no obstante, la diferencia entre ambas distancias es tan pequeña, que no afecta gran cosa a la temperatura de la Tierra; pero no cabe duda de que si ésta se encontrase más cerca del Sol en verano, y más lejos en invierno, el primero sería un poco más caluroso, y el segundo algo más frío de lo que son actualmente.

Hace calor en verano porque los rayos del Sol caen sobre la Tierra más directamente, pues, como todos vemos, dicho astro alcanza en esta época mayor elevación sobre el horizonte que en invierno.

El aire viene a ser como una inmensa manta: impide que llegue a la Tierra demasiado calor, y que el que ella posee se escape todo. Si los rayos del Sol caen normalmente sobre la Tierra, no tienen que atravesar tan grande extensión de aire como cuando los recibimos oblicuamente.

En invierno los rayos del Sol tienen que atravesar la atmósfera en dirección muy oblicua, y de este modo pierden gran cantidad de su calor. La razón de la diferencia que existe entre el invierno y el verano, que es la causa de las estaciones, es que la Tierra está inclinada sobre su eje, que es la recta que, pasando por su centro, une sus polos.

Las esferas que se construyen representando a la Tierra para ayudarnos a estudiar la geografía, están siempre inclinadas.

Imaginemos el Sol como una potente lámpara colocada en el suelo de un salón, y la Tierra como un trompo que, girando sobre sí mismo, dé vueltas, también en el suelo, alrededor de dicha lámpara. Si el trompo gira perfectamente derecho, en cualquier punto de la órbita que recorre se hallará en la misma relación con el Sol.

Pero si gira, por el contrario, inclinado como la Tierra, entonces durante cierto tiempo su parte superior se hallará inclinada hacia el Sol. y la inferior apartada del mismo; pero mientras recorra el resto de dicha órbita, la parte superior del trompo se hallará inclinada en dirección contraria al Sol, y la inferior hacia él.

Esta inclinación produce todas las variaciones que los rayos del Sol experimentan a su paso a través de la atmósfera. **Si la Tierra no estuviese inclinada con respecto al plano de su órbita, no habría estaciones.**

¿POR QUÉ HACE TANTO CALOR EN EL ECUADOR?

Sabemos que el Ecuador es una línea imaginaria que suponemos que corre alrededor de la superficie de la Tierra, señalando su parte media. Semejante línea no existe en realidad más que en los mapas y esferas.

Las fajas de Tierra que se extienden a ambos lados del Ecuador, reciben el nombre de zonas tropicales, y son las regiones más cálidas de toda la superficie terrestre.

La razón es que, ya sea invierno o verano, más al Norte o más al Sur, las zonas tropicales se hallan expuestas siempre de un modo muy directo a los rayos del Sol, que cae sobre ellas mucho más directamente que sobre las restantes partes del globo.

Así pues, la razón de que haga siempre tanto calor en las regiones tropicales, es que en ellas el Sol alcanza sobre el horizonte gran altura.

¿VOLVERÁ LA EDAD DE HIELO?

La respuesta a esta pregunta debe ser afirmativa; pero es asunto, no obstante, que se ha discutido mucho entre los que se dedican al estudio de la Tierra, los cuales son conocidos con el nombre de geólogos, voz derivada de la palabra griega ge, que significa Tierra y logos - estudio; y se comprende que nadie pueda contestarla de un modo categórico, puesto que no conocemos a punto fijo la causa de la pasada Edad de Hielo.

LA EDAD DE HIELO EN LOS DÍAS ACTUALES, EN GROENLANDIA

Parece cosa demostrada que hubo por lo menos dos Edades de Hielo en lo pasado, si no tres. Lo que es preciso averiguar es por qué el hemisferio Norte de la Tierra estaba tan frío, ya que el gran casquete de hielo que cubre en la actualidad el Polo Norte, se extendía mucho más abajo, hasta Europa.

Tal vez pueda ser la causa de esta diferencia de clima algún cambio experimentado por el ángulo que forma el eje de la Tierra con el del Sol; siendo muy probable que esta alteración sea periódica, y que vuelva a repetirse a largos intervalos en la historia de la Tierra. También se está estudiando la incidencia de pequeños cambios en la temperatura d ella corona solar. Quizás sean muchas causas

concurrentes que llevaron a las eras de hielo.

Si esto es así, volverá, no una, sino muchas veces la Edad de Hielo; y la civilización sufrirá un traslado hacia el Sur.

Por otra parte, necesariamente habrá de sobrevenir dicha Edad al cabo de largo tiempo, cuando la Tierra se enfríe demasiado; y entonces los hombres se verán precisados a vivir cerca del ecuador, donde los rayos del Sol caen casi verticalmente sobre nuestro planeta, sosteniendo de esta suerte su calor.

ÓPTICA DE LA TIERRA

Discutiremos brevemente algunos aspectos relacionados con la luz, el horizonte, los espejismos y el arco iris.

¿POR QUÉ LA TIERRA NO TIENE LUZ PROPIA COMO LA TIENE EL SOL?

Suponen algunos sabios que la Tierra tuvo luz propia hace muchísimos años, y la juiciosa pregunta anterior sugiere, con razón, la idea de que también quizá los demás planetas hubieron de tener luz propia en lejanas épocas, y tal como el Sol la tiene, porque el Sol y los planetas salieron de la misma nube ardiente.

Ahora bien, lo que debemos contestar a la pregunta es que la Tierra hubo de enfriarse, en tanto que el Sol continúa todavía caliente, de modo que aquélla no puede ya despedir luz propia, sino reflejar únicamente la que recibe de éste.

La razón está en que cuanto más pequeña es una cosa más de prisa pierde su calor. El calor se escapa de la superficie, y cuanto menor es el tamaño de un objeto, mayor es su superficie, en relación a la cantidad de materia que contiene.

Si vamos a un sitio en el cual se fabrique vidrio, y pedimos que nos hagan tres o cuatro bolas de diferentes tamaños, observaremos que la más pequeña está enteramente fría, mientras la mayor de ellas estará aún demasiado caliente, para que podamos tocarla.

Una criatura de pecho ha menester ropa más caliente que una persona mayor, y los de corta estatura y delgados necesitan más ropa que los gruesos y altos, porque tienen grandes superficies con las cuales pierden el calor en proporción a la masa de sus cuerpos.

Con respecto al sistema solar, Júpiter y la Luna confirman lo que decimos. La única razón de que la Luna esté más fría que la Tierra, a pesar de estar hecha de la misma materia, es el ser mucho más pequeña.

Por otra parte, Júpiter es muy grande, y los astrónomos están casi todos de acuerdo en que el gran planeta está todavía bastante caliente para despedir luz propia.

¿CÓMO PUEDE LA TIERRA REFLEJAR LA LUZ, SIENDO MATE LA SUPERFICIE DE NUESTRO PLANETA?

Pero, ¿es mate la superficie de la Tierra?. Seguramente, no. Todos podemos ver que la Tierra refleja la luz que recibe y la proyecta hacia nuestros ojos, y que con mucha frecuencia su superficie nos parece demasiado brillante; lo mismo ocurre con la superficie del mar, y todos hemos visto el espléndido brillo que ostentan las superficies de las nubes, cuando las ilumina el sol.

La Tierra tiene un hermoso y suave color azul visto desde el exterior, en una nave espacial, y la razón es que el aire dispersa la porción azul del espectro de luz blanca que emana del Sol, el cual es enteramente blanca.

¿POR QUÉ SON LAS SOMBRAS MAS LARGAS AL COMENZAR EL DÍA QUE AL ACERCARSE ÉSTE A SU FIN?

La longitud de una sombra depende de la elevación del Sol sobre el horizonte, lo cual podemos comprobar nosotros mismos tomando una luz en la mano, y elevándola y bajándola alternativamente, y observando los efectos que estas variaciones en su altura ejercen sobre la longitud de la sombra, que proyecta sobre una mesa un lápiz que mantengamos vertical.

Cuando el Sol está bajo, bien sea al principio del día, ya a su fin, nuestras sombras son más largas; y si alguna vez llegamos a ver el Sol sobre nuestras propias cabezas, lo cual no ocurre más que entre los trópicos, nuestra sombra se proyectará sobre nuestros propios pies, cosa que podemos comprobar asimismo con el experimento citado de la bujía y el lápiz.

De todo esto se desprende que tenemos la posibilidad de averiguar qué hora es, por la longitud, al par que por la dirección de las sombras.

¿POR QUÉ PERMANECE EL MUNDO ILUMINADO, CUANDO SE OCULTA EL SOL DETRÁS DE ESPESAS NUBES?

Depende de la densidad de las nubes. Cuando la Luna se interpone entre nosotros y el Sol, la Tierra queda a oscuras, como si fuese de noche, porque la Luna es completamente opaca, lo cual quiere decir que no deja pasar los rayos del Sol por su masa.

Pero en el caso de ser sólo las nubes las que se interponen entre nosotros y el Sol, siempre dejan pasar una cantidad considerable de luz, si se trata, por supuesto, de verdaderas nubes de agua clara.

Pero a veces en las grandes ciudades, y sobre todo en China, se forman nubes artificiales, compuestas de humo y polvo; y sobre todo, de pequeñísimas partículas de carbón que arrojan las chimeneas.

Tales son las verdaderas nubes negras, preñadas de polvo obscuro, que llegan en ocasiones a sumir a las ciudades en una obscuridad mayor que la ordinaria en las noches de verano.

El carbón fué formado, en tiempos remotísimos, por la luz solar, y cuando flota en el aire, intercepta esa misma luz que proviene desde el Sol. Después de recorrer 172 millones de kilómetros, se ve detenida al llegar al último de ellos; ¿no es esto bien extraño? ¡Y pensar que los hombres interceptan hoy día la luz del Sol con una substancia formada por ella misma!.

¿QUÉ ES EL ESPEJISMO?

El espejismo es una imagen falsa que vemos en la parte del cielo, próxima al horizonte, de algo que no existe realmente.

Este fenómeno se presenta, por lo general, cuando es muy elevada la temperatura del aire, y concurren además otras varias circunstancias, y todos hemos oído referir las amargas decepciones que sufren, por su culpa, los viajeros que atraviesan los desiertos de la zona tórrida.

Existen muchas veces en éstos ciertos lugares, llamados oasis, donde hay agua, y por tanto, árboles verdes y sombra; y todos sabemos que a veces los viajeros creen divisar un oasis a pocos kilómetros de distancia, en el que se prometen renovar sus provisiones de agua y descansar a la sombra, y después ven con tristeza cómo, al caminar, se desvanece la dicha que soñaron.

Un célebre explorador « descubrió » cierta vez y hasta dió nombre a una montaña que en realidad era sólo una visión debida al espejismo.

Por eso calificamos a veces de espejismo ciertas cosas que parecen reales, pero que se disipan enteramente, cuando nos aproximamos a ellas. Por desgracia, casi todos sufrimos ilusiones de esta especie en el transcurso de la vida.

¿CUÁL ES LA CAUSA DEL ESPEJISMO?

El verdadero espejismo no es una mera apariencia en el cielo desprovista de causa real, ni una ilusión por parte de los que lo contemplan.

Cuando el viajero cree ver un oasis en medio del desierto, que luego se desvanece y esfuma, **lo que ha visto es la imagen de un oasis verdadero, situado a gran distancia, debajo del horizonte, que ha sido reflejado de cierto modo en alguna capa de aire**; y por eso lo ve el viajero como si hubiese un espejo inmenso, colocado en el firmamento, formando un ángulo tal que haga llegar a sus ojos los rayos luminosos procedentes de aquél.

Existen, por razón natural, capas de aire a muy diversas temperaturas, cuya densidad, por lo tanto, es diferente también, y siempre que pasa la luz de un medio a otro de distinta densidad, parte de ella no prosigue su camino, reflejándose. En el mar se ven también con frecuencia ficciones parecidas debidas a una causa semejante.

Vemos a veces un barco en el horizonte que parece llevar encima otro barco exactamente igual, invertido, y colocado de suerte que los extremos de los palos se tocan.

EL ESPEJISMO EN LA TIERRA Y EN EL MAR

Este paisaje no existe en realidad; es tan sólo un reflejo que engaña al viajero sediento y fatigado

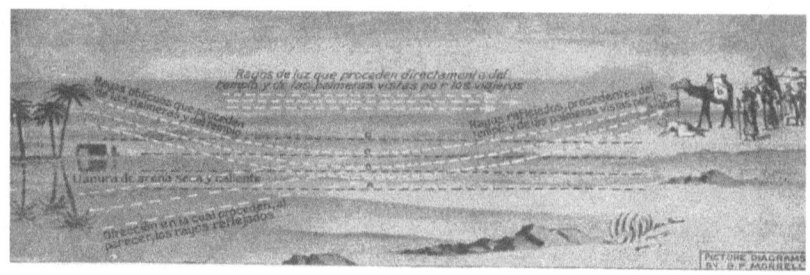

En este grabado vemos en qué consiste el espejismo. La capa de aire A, en contacto con la arena, está mucho más caliente que las capas B, C y D, que son gradualmente más densas. Los rayos de luz, al atravesar capas de diversa densidad, se refractan, y así el viajero ve las palmeras directamente y además como si se reflejasen en el agua

Espejismo en el mar, donde las condiciones atmosféricas son opuestas a las del desierto. Los rayos que proceden del buque se encuentran en las capas superiores con aire de distinta densidad y sufren una refracción hacia abajo. Si es muy grande la variación de densidad se verán varias imágenes, algunas de ellas invertidas

¿CÓMO SE FORMA EL ARCO IRIS?

El arco iris lo forman las gotas de la lluvia, y es producido por la reflexión de la luz del Sol en las gotas de agua suspendidas en la atmósfera.

La luz del Sol penetra en la gota de lluvia, y después de reflejarse en la parte posterior de ella, se divide en varios rayos luminosos, que corresponden a los distintos colores del arco iris.

Sabemos que la luz blanca es una mezcla de muchos colores. Las ondas luminosas, correspondientes a estos diversos colores, se desvían desigualmente de su dirección normal al pasar por la gota de lluvia, y por eso, cuando salen de ella. lo hacen ya dispuestas en grupos ordenados, por decirlo así; y lo que era luz blanca al entrar, sale como una cinta de varios colores.

Así pues, lo que vemos en el arco iris es verdaderamente el espectro solar, es decir, la luz blanca del Sol dispersada en varios haces de los distintos colores que la constituyen.

¿DÓNDE TERMINA EL ARCO IRIS?

Cuando los dos extremos inferiores del arco iris parecen descansar sobre la tierra, lo cual ha dado origen a ciertos cuentos de niños, que se han puesto en camino para buscar el pie de dicho arco.

Pero esto no es verdad, porque el arco iris es una cosa aparente, que se pinta en el cielo en virtud de la reflexión de la luz en las gotas de la lluvia, y termina, por lo tanto, si queremos usar esta palabra, donde terminan las gotas, cuya situación permite que la luz reflejada en esta forma venga a herir nuestra retina.

En realidad, no hay dos personas que vean exactamente el mismo arco iris, porque para ello sería necesario que sus ojos se hallasen situados en el mismo lugar; y cuando nos movemos, el arco iris se mueve también con nosotros.

CUANDO CONTEMPLAMOS UN ARCO IRIS ¿PUEDEN OTRAS PERSONAS VERLO POR EL LADO OPUESTO?

Muy natural nos parece esta pregunta; y claro es que su contestación depende de la naturaleza real del arco iris. Si fuese verdaderamente el arco iris lo que aparenta ser, no hay razón para que, mientras lo vemos por un lado, no lo puedan estar viendo otras personas por el opuesto, como acontece, por ejemplo, con el arco de un viaducto. Pero es enteramente imposible que alguien pueda ver el lado opuesto del arco iris que contemplamos nosotros.

Lo que llamamos arco iris está formado por la reflexión de la luz solar en las gotas de agua que existen en la atmósfera.

Por consiguiente, y ante todas las cosas, el arco iris sólo podemos verlo en la parte del cielo opuesta a aquella donde se encuentre el sol. El que quisiera ver el arco iris por el otro lado, tendría que mirarlo en la misma dirección del Sol, en la cual no es posible verlo nunca, debido a su misma naturaleza.

Ahora bien, si dicho fenómeno se produce merced a la reflexión de la luz en las gotas de agua suspendidas en la atmósfera, las cuales se hallan necesariamente colocadas de modo que el observador esté entre ellas y el Sol, claramente se comprende que no puede tener reverso el arco iris.

EL FIRMAMENTO

Esta sección es una continuación de la anterior, en donde hemos agrupado las preguntas relativas al horizonte, el color del cielo

¿CUÁNTO DISTA EL HORIZONTE?

Esta es una pregunta que hacen con frecuencia los niños. Cuando nos encontramos en la orilla del mar, éste parece unirse en lontananza con el cielo, formando con él una línea que aparenta ser el límite del mar y el extremo del cielo. Tal es el horizonte.

De igual manera, si estamos en una llanura, en la que no haya árboles o casas para impedirlo, veremos que la Tierra parece que raya con la parte inferior de la bóveda celeste. También ese es el horizonte.

Su distancia depende de la altura de nuestros ojos sobre el nivel del mar, si estamos en la costa, o sobre la superficie de la llanura, si nos encontramos en Tierra. La figura nos hará comprender fácilmente lo que esto significa.

El observador que se encuentra de pie junto a la orilla del mar y dirige su mirada hacia lo lejos **desde una altura de 1,20 metros**, que es aproximadamente la elevación de sus ojos sobre el nivel del agua, puede ver cuanto ocurra a una distancia de **4.600 metros, que es la que le separa de su horizonte.**

El que está encima de la roca a **30 metros de elevación** sobre el nivel del mar, descubrirá cuanto exista a unos **24,5 kilómetros**, que es lo que dista de su horizonte.

Por último, el que mira desde lo alto del faro, **45 metros sobre el nivel del mar**, cana una extensión de **30 kilómetros**, distancia a la cual se halla su horizonte.

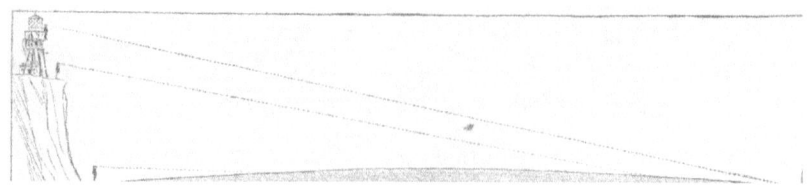

¿CUÁL ES LA MAYOR SOMBRA QUE PODEMOS VER?

Existe una gran sombra, muchos millares de veces mayor que todas las demás, y que han contemplado los hombres de todas las edades, poseídos, las más de las veces, de indescriptible terror. Esta sombra es la que nuestro mismo planeta proyecta sobre la Luna. A veces acierta a pasar la Tierra por el haz de luz solar que ilumina a la Luna, y sobreviene entonces lo que se llama un eclipse de Luna.

Si en estas circunstancias observamos la Luna, veremos una sombra redonda que comienza a avanzar sobre su disco.

En unos casos pasa solamente por una parte de este disco; y en otros lo cubre por completo durante un momento, y entonces decimos que se ha realizado un **eclipse total de Luna**.

Cuando observamos esta sombra — lo que puede hacerse a simple vista, sin necesidad de anteojo—advertimos desde luego que tiene una forma redonda, es decir, que es necesariamente la sombra de un objeto redondo; lo cual constituye una prueba indiscutible de la redondez de la Tierra.

Antiguamente, los eclipses de Sol y de Luna llenaban a los hombres de terror, pues los consideraban como anuncios de grandes cataclismos; pero en la actualidad todos sabemos que un eclipse de Luna es un fenómeno perfectamente natural, causado por la Tierra al proyectar su sombra sobre nuestro satélite, siendo ésta la mayor sombra que pueden ver nuestros ojos.

¿POR QUÉ VEMOS AZUL EL FIRMAMENTO?

Esta pregunta la contestó Juan Tyndall, en el siglo diecinueve, de un modo satisfactorio. El cielo debe su luz a los rayos del Sol; por eso cuando se oculta aquel astro, el firmamento se obscurece.

Por lo tanto, el color azul del cielo debe sernos enviado por algo que existe en él, que apropiándose todos los demás colores que componen la luz blanca del Sol, nos envía sólo los azules. Esto es, en realidad, lo que sucede.

La atmósfera se halla plagada de un número infinito de pequeñísimos corpúsculos de polvo, que flotan en su seno. Su naturaleza es tal, que absorben las longitudes de onda más largas de la luz (rojo, amarillo) que producen los otros colores, y reflejan las más cortas (azul, violeta), que dan la impresión del azul.

Si fuese posible hacer desaparecer del aire todos esos corpúsculos, veríamos el cielo negro, y toda la luz del día vendría directamente del Sol. Así, pues, la luz del cielo es el reflejo de una parte de la del Sol.

Creían los antiguos que Atlas sostenía sobre sus espaldas la bóveda celeste

¿POR QUÉ ES EL CIELO MAS AZUL EN ALGUNOS PAÍSES QUE EN OTROS?

El color azul del cielo se debe a que ciertas partículas muy pequeñas que flotan en el aire se apoderan de las diminutas ondas que producen los rayos azules de la luz solar, y nos las envían a nuestros ojos. A no ser por esto, el cielo sería oscuro.

En las regiones próximas al Ecuador los rayos del Sol inciden sobre la Tierra de manera perpendicular, y poseen, por tanto, mayor brillo. Esto quiere decir que la cantidad de rayos solares, así azules, como de los restantes colores que hasta la Tierra llegan, es mayor; de suerte que las partículas aludidas reflejan mayor cantidad de rayos azules, y el color del firmamento es, por tanto, más azul.

No debe echarse en olvido que, cuando decimos que el cielo está azul, lo que en realidad está azul no es el cielo, sino el aire; y que este color, que creemos que nos llega de tan lejos, sólo nos viene de muy pocos kilómetros de distancia.

Otra razón de por qué el cielo de algunos países es más azul que el de otros, la tenemos en que las ciudades de los primeros no contaminan el aire con tan considerable cantidad de humo como las de los segundos.

¿EN QUÉ PUNTOS DEL CIELO PUEDE VERSE BRILLAR EL SOL?

Esto dependerá del lugar, desde el cual lo contemplamos. Cuando en tiempos remotos unos navegantes dieron la vuelta a África, y recorrieron por primera vez las regiones del sur del ecuador, contaron a su regreso que habían visto brillar el Sol en la dirección del norte. La gente se burló de ellos y ni siquiera les dieron crédito los más grandes escritores de la época.

Ahora sabemos, sin embargo, que era cierto lo que decían, y que el hecho de haber visto el Sol hacia el norte demostraba que efectivamente habían cruzado el ecuador.

En dondequiera que nos hallemos, el Sol siempre sale por el este y se pone por el oeste, porque, claro está, la Tierra entera gira en el mismo sentido, y es debido justamente a su movimiento de rotación el que el Sol parezca levantarse y ocultarse tras el horizonte.

Pero si lo miramos desde un punto situado en el hemisferio boreal, nos parecerá que el Sol cruza por el cielo en la dirección del sur; mientras si lo miramos desde algún punto situado en el hemisferio austral, nos parecerá que lo atraviesa en la dirección del norte.

Para hacernos cargo de ello, bastará con que nos figuremos al Sol situado, pongamos por caso, al nivel del suelo, y a la tierra al mismo nivel, dando vueltas a su alrededor. Comprenderemos entonces por qué aparece de un modo diferente según lo miremos por arriba desde la parte superior de una pelota o por abajo, desde la parte inferior de dicha pelota.

¿PODRÍA HUNDIRSE EL FIRMAMENTO?

EL firmamento no es posible que se hunda, porque en realidad no existe. A menudo nos hace la impresión de que vivimos dentro de una inmensa bóveda, animada de un movimiento aparente de rotación.

En todas las edades han tenido los hombres esta idea, y aun nos referimos a ella, cuando decimos « la bóveda celeste ».

Pero, cuando se estudiaron con más escrupulosidad los cuerpos celestes, se supuso que había varias esferas a diferentes distancias de la Tierra. En nuestro claro clima podemos formarnos idea más precisa del cielo, en la forma de una esfera inmensa, que no en otras partes del mundo.

Si el firmamento fuese algo semejante a una cúpula grandiosa, nos preguntaríamos con razón qué fuerza lo sostiene. Pero lo que vemos es sólo la luz reflejada por la atmósfera de nuestro propio planeta.

Esa aparente bóveda azul, aunque tan apartada nos parece, sólo dista de nosotros de ochenta a cien kilómetros, que es la mayor distancia a que el aire refleja la luz hasta nuestros ojos; y al efecto de esta reflexión es a lo que llamamos firmamento o cielo.

Entonces, lo que llamamos cielo no es más que la apariencia de azul que podemos admirar en los días serenos, a causa de que las partículas del aire reflejan la parte azul de la luz solar a nuestros ojos.

Cuando vemos el cielo azul, lo que realmente vemos es aire. La altura de las partículas que reflejan esta luz azul a nuestros ojos no es muy considerable.

Por cielo se puede significar, no la bóveda celeste azulada del día, sino el gran espacio que tenemos en derredor nuestro que podernos ver en cualquier noche serena.

Entonces veremos mucho más lejos que durante el día, porque

podemos ver directamente a través del aire hasta las estrellas; en tanto que durante el día el Sol ilumina todo el aire que nos rodea, de modo que, aunque nos parezca que vemos muy lejos, no podemos verdaderamente ver más allá del aire iluminado, exceptuando cuando hay alguna cosa muy brillante detrás de él, como el propio Sol y aun algunas veces, la Luna.

¿SABEMOS LA VERDADERA DISTANCIA QUE NOS SEPARA DEL CIELO?

Si estudiamos la distancia de las estrellas, en sí misma, nos enseña, naturalmente, algo respecto a la distancia que nos separa del cielo. Pero cuando ya hemos aprendido las enormes distancias de algunas estrellas que podemos ver, distancias tan grandes, que no hay espacio suficiente para escribirlas en kilómetros, **y así hemos de hablar de años de luz para significar la distancia que la luz recorre en un año**, aun entonces no habremos empezado a decir hasta dónde alcanza el cielo.

Si tuviésemos un telescopio un millón de veces mayor que el más grande que tenemos, y pudiéramos ver con él la estrella más lejana que se revelase en el firmamento, no estaríamos, con esto más cerca del fin del cielo de lo que estamos ahora, puesto que se extiende indefinidamente.

Si pudiéramos recorrer el ciclo en línea recta sin detenernos, no llegaríamos jamás a su término. Esto es lo que queremos decir cuando afirmamos que el espacio es "infinito", palabra latina que significa sencillamente que no tiene fin.

¿POR QUÉ SE COLORA EL CIELO A LA PUESTA DEL SOL?

Cuando el Sol se pone, sus rayos no descienden directamente sobre nosotros, como cuando está en el cenit, sino que tienen que atravesar, antes de llegar a nuestros ojos, capas mucho más espesas de aire; del mismo modo que, si introducimos en una naranja un alfiler en la dirección de su centro, no tendrá que atravesar tanto espesor de su cáscara como si lo hacemos penetrar en dirección oblicua.

La luz del Sol poniente tiene que recorrer una distancia mucho mayor a través de la atmósfera, y pasar por regiones más próximas a la Tierra y más cargadas, por lo tanto, de corpúsculos orgánicos, que van absorbiendo algunas de sus partes y reflejando las otras.

Estos corpúsculos que flotan en el aire son de muy diversos tamaños, y por eso observamos colores muy distintos en la puesta del Sol. Y éste es al mismo tiempo el motivo de que las puestas de Sol sean tanto más hermosas y ricas en colorido cuanto más cargado está el aire de substancias extrañas.

Digamos que la comprensión de este fenómeno, denominado **refracción de la luz**, tomó muchos años entenderlo. Dado que la luz azul tiene la mayor energía electromagnética (menor longitud de onda) del espectro, y tiende a dispersarse inmediatamente a medida que atraviesa la atmósfera, mientras que la luz roja o anaranjada tiene menos energía (mayor longitud de onda).

Imaginemos una mesa de billar. Si la bola que impacta a las demás tiene una gran energía, todas se dispersan rápidamente; al contrario, si le imprimimos a la bola principal solo un pequeño envión todas se dispersarán suavemente.

¿EN DÓNDE EMPIEZA EL DÍA?

El mundo está lleno de misterios y maravillas; y no tenemos, por tanto, necesidad de fatigar la inteligencia en forjarnos otros, que en realidad no existen.

Podríamos fácilmente plantear una infinidad de cuestiones enigmáticas, acerca del tiempo y del modo de computarlo; pero hemos de convencernos de que tales enigmas no son reales, sino fabricados enteramente por nosotros mismos, y no por la naturaleza.

El hecho es muy sencillo. El Sol brilla siempre, bueno es recordar que el «Sol brilla siempre en alguna parte» —y la Tierra gira continuamente.

Así es que el Sol parece salir siempre de alguna parte, porque en uno o en otro sitio, la Tierra, en su incesante rotación, se le presenta de frente; y parece también ponerse en alguna parte, porque en uno u otro lugar se verifica que la Tierra gira cabalmente alejándose de él. Esto es muy sencillo.

Y sencillamente porque la Tierra gira sin detenerse, y el Sol brilla siempre, el día amanece también en alguna parte; y por tanto, la verdadera respuesta a la pregunta «¿En dónde empieza el día? », es que el día está empezando siempre en alguna parte.

¿HAY DOS DÍAS DE UNA VEZ?

Puesto que la gente vive en diferentes partes del mundo, el tiempo que llamamos noche (cuando se trata de la nuestra) será para otros día, y nuestra media noche, cuando empieza para nosotros un nuevo día, según contamos, no será media noche para otros que viven en diferentes partes del globo; de modo que el día que nosotros llamamos lunes, ellos lo llamarán martes; y, sin embargo, tanto ellos, como nosotros, estaremos hablando del mismo momento.

Si uno viajase continuamente hacia Occidente, observaría que el Sol saldría cada vez más tarde todos los días; y cuando hubiese recorrido todo el camino alrededor del mundo, habría perdido un día entero, ya que "el día se atrasa", ya que nos alejamos del avance del Sol. Si el observador viajase hacia Oriente, le sucedería lo contrario, "el día se adelanta", ya que vamos al encuentro de la salida del Sol.

¿ES CIERTO QUE LOS DÍAS SE VAN HACIENDO MAS LARGOS?

El estudio detenido de las mareas—y, por cierto, que pueden escribirse muchos libros sobre ellas— nos revela un hecho en extremo sorprendente.

El rozamiento engendrado por la ola de la marea, que sin cesar recorre la superficie de la Tierra, retarda constantemente la velocidad de rotación de aquélla sobre su eje.

Las mareas obran a manera de freno sobre el movimiento de rotación de nuestro globo, de suerte que, día tras día y siglo tras siglo, nuestro planeta va alargando gradualmente el tiempo que emplea en completar una revolución sobre sí mismo.

En otros términos: el día, que es el tiempo que emplea la Tierra en una revolución, o giro completo sobre sí misma, va en realidad alargándose.

Se han verificado muchos cálculos sobre este particular, y es probable que, en el transcurso de un siglo, el día se alargue cerca de un segundo.

¿POR QUÉ REINA LA OSCURIDAD DURANTE LA NOCHE?

Si tomamos una esfera, y la colocamos delante de una luz, veremos iluminada la parte que mira a ésta, y obscura la contraria; y si marcamos un punto en esta esfera, y la hacemos girar, como un trompo, dicho punto permanecerá la mitad del tiempo iluminado, y sumido en la oscuridad la otra mitad.

Vivimos en una gran esfera, la Tierra, que gira sin cesar en torno de su eje, constantemente en presencia de una luz potentísima, el Sol.

Al lugar donde habitamos le sucede lo mismo que al punto aludido: permanece la mitad del tiempo en la parte que mira al Sol, y la otra mitad en la parte contraria.

Cuando nos hallamos en ésta, estaremos en la oscuridad, y será de noche, en tanto que será de día para los que habiten en la parte opuesta del globo. Por muy profunda que sea la oscuridad en la parte que habitamos, el Sol sigue alumbrando otras regiones, y la Tierra continúa girando sin cesar, aproximando a la luz del Sol ciertos puntos de su superficie, y alejando otros de ella.

No es que el Sol venga a alumbrar las diversas regiones de la Tierra: es que éstas marchan al encuentro de su luz. Por intensa que sea la oscuridad, la luz del Sol no tardará en lucir sobre nosotros nuevamente, en virtud del movimiento de rotación de la tierra. Ya lo dijo el poeta: «*La noche es el capullo que envuelve el nuevo día* ».

¿POR QUÉ SE PRESENTA LA MAYOR OSCURIDAD ANTES DEL ALBA?

Lo primero que se ocurre preguntar es si es cierto que la mayor oscuridad se presenta antes de rayar el alba. Semejante afirmación nos parece que es un poco gratuita.

En todos los casos en que, como en éste, es preciso comparar la oscuridad y la luz, o la mayor o menor agudeza de un sonido, no debemos fiarnos de lo que nuestros sentidos nos digan, porque, en muchos casos, no pueden juzgar con la debida exactitud.

Existen varios métodos para medir la intensidad de la luz, y para demostrar que el máximo de oscuridad ocurre antes del alba, habría sido necesario utilizar alguno de ellos, sin fiarse de la vista, midiendo cuál es la intensidad de la luz a esa hora, y a otras anteriores a ella. Nuestros ojos y sentidos, en general, no juzgan las cosas por sus propios méritos, sino por su comparación con otras.

Esta misma idea resulta mejor expresada diciendo que todas nuestras sensaciones son relativas. Una habitación podrá parecernos clara comparándola con otra que lo esté menos.

Si penetramos en dicha habitación procedentes de otro lugar oscuro nos parecerá muy clara; y, al contrario, si entramos en ella viniendo de la plena luz del sol, diremos que está oscura.

Y esto es lo que nos ocurre con la oscuridad que reina antes del crepúsculo: que cuando comienza a iluminarse el cielo recordamos la oscuridad que momentos antes reinaba, y lo reciente del caso hace resaltar mucho más la diferencia.

ASÍ SE EXTINGUE LA LUZ GRADUALMENTE?

Si la luz fuese extinguiéndose al paso que recorre el espacio a través del aire, habría que abandonar la mayor parte de las creencias que se tienen en la actualidad respecto a los astros. Claro es , sin embargo, que la luz que hasta nuestros ojos llega de las estrellas o planetas puede ser interceptada por alguna cosa material, tal como el polvo que existe suspendido en la atmósfera.

La luz de una estrella puede desaparecer, si ésta se enfría y se extingue.

Una estrella cualquiera de las que por la noche contemplamos, puede perfectamente haber desaparecido a estas horas, pues la luz que recibimos de ella salió del astro, hace ya mucho tiempo.

Aunque la luz nos parezca tan fija y permanente, podemos compararla, sin embargo, con una corriente eléctrica, con la que tiene gran semejanza.

Ambas necesitan ser renovadas de continuo. La emisión de la luz exige un gasto de fuerza, y si esta fuerza no existe, la luz cesará inmediatamente, como deja de circular la corriente eléctrica en cuanto se gasta la batería que la produce. Así, pues, la luz se extingue si no se produce de una manera continua

¿QUÉ SON ESAS LUCES FUGACES QUE A VECES RECORREN EL CIELO?

Se llaman *estrellas errantes*, aun cuando tienen tanto de estrellas, como una partícula de polvo o un trozo de carbón. Son cuerpos muy pequeños, a veces del tamaño de una piedra. Algunos son de hierro.

Su brillo proviene sencillamente de la elevación extraordinaria que alcanza la temperatura de su masa al cruzar con gran rapidez la atmósfera terrestre, dando lugar a un fuerte rozamiento.

Los menores de entre ellos se queman del todo a su paso por el aire. de la misma manera que se consume una bujía; por lo que nunca llegan a tierra. Pero los mayores sí, abriendo muchas veces al caer enormes orificios en el suelo.

Todos podemos ver estos cuerpos en los museos, y por cierto que difícilmente podrán contemplar nuestros ojos objetos más interesantes, si recordamos su historia, pues son cuerpos que jamás pertenecieron a la tierra: anduvieron errantes por el espacio,—que en muchas regiones está poblado de cuerpos parecidos a los guijarros, —y al penetrar en la atmósfera de la tierra, fueron atraídos por ésta.

Muchos de estos **meteoritos**, pues este es su nombre científico, se cree que han formado parte de esos astros brillantes denominados cometas.

A veces parece que estos astros sufren un accidente y estallan; y de esta suerte en la órbita que solían recorrer alrededor del sol, queda una verdadera muchedumbre de meteoritos. Cuando la tierra cruza la órbita de estos meteoritos, atrae a muchos de ellos, especialmente si esto ocurre en el momento en que pasa la parte más espesa de esta especie de corriente. Así pues, se conocen los años y las épocas en que debe verse en el cielo por la noche gran número de estrellas errantes.

La mayor lluvia de las mismas suele presentarse en Noviembre, época en que la tierra atraviesa la órbita de uno de estos torrentes de meteoritos, llamados las Leónidas.

¿QUÉ ES UNA AURORA BOREAL?

Por espacio de muchos años han tratado de averiguar los hombres la causa de ese maravilloso resplandor, que se presenta en el cielo, conocido con el nombre de aurora boreal, visible sólo para los habitantes de las regiones septentrionales del globo.

Para averiguar su origen debemos empezar por estudiar la naturaleza de su luz por medio del análisis espectral. Por este medio encontramos que dicha luz proviene de los átomos de ciertos elementos que forman parte del aire.

Estos elementos se conocieron a principios del siglo XX, habiendo sido la mayoría de ellos descubiertos por Sir Guillermo Ramsay. Existen principalmente en las capas superiores de la atmósfera.

Si tomamos una colección de estos gases, y los hacemos pasar a través una corriente eléctrica, vemos que brillan con espléndidos colores, constituyen una magnífica imitación, en pequeña escala, de las auroras boreales.

Esto nos induce a creer que los expresados fenómenos se deben a la electricidad que excita de cierto modo a estos gases existentes en las capas superiores de la atmósfera, haciéndolos brillar de esta suerte.

¿DE DÓNDE PROVIENE LA ELECTRICIDAD DE LAS AURORAS BOREALES?

Sabemos que todos los objetos con procesos de fusión nuclear como el Sol, despiden pequeñas partículas de los átomos a las que se ha dado el nombre de **electrones**, las cuales poseen poderosas propiedades eléctricas.

Ahora bien, la temperatura del Sol es en extremo elevada, y su parte exterior contiene enormes cantidades de dicho cuerpo; de suerte que bien podemos suponer que las auroras boreales son producidas por los electrones procedentes del Sol, al impactar a los gases enrarecidos de las capas superiores de nuestra atmósfera.

Ahora bien, ¿cómo pueden abandonar el Sol los electrones?. La gravedad de dicho astro tiende a retenerlos en sí; y, si hemos de creer que son expulsados de él, es preciso que encontremos el instrumento que los expulsa.

El descubrimiento de la presión de la luz o de la presión de la radiación, viene ahora en nuestra ayuda. Sin el conocimiento que de él poseemos, no tendríamos razón para decir que los electrones pueden abandonar el Sol.

No podemos suponer que los electrones sean expulsados constantemente del Sol, y por eso vemos que las auroras boreales no se observan en todo tiempo. Sólo en algunas ocasiones, cuando ocurren en el Sol determinados fenómenos, y en especial, cuando presenta su disco numerosas y amplias manchas, se registran auroras boreales espléndidas, y grandes perturbaciones de las agujas magnéticas.

Se ha notado siempre una íntima relación entre las manchas del Sol y las auroras boreales. Cuando ocurre en el Sol algo que acrecienta su brillo y aumenta la presión de su luz, pueden ser los electrones lanzados en todas direcciones, y algunos de ellos., después de recorrer 172.236.000 kilómetros, a una velocidad de 37 kilómetros por segundo, llegan a la Tierra.

¿POR QUÉ APARECEN EN EL NORTE LAS AURORAS BOREALES?

Cuando los electrones procedentes del Sol se aproximan a la Tierra, parece que describen en su camino ciertas líneas, en vez de llegar a ella normalmente. Debemos recordar que la Tierra es un imán.

Ahora bien, si tomamos una barra imanada ordinaria y un puñado de limaduras de hierro, se observa que en los alrededores de la barra existe lo que se llama un campo magnético, y las limaduras, o cualquier otra cosa semejante que se introduzca en este campo, se agrupan en torno de los polos del imán, y, las que quedan entre ellos, forman ciertas líneas curvas regulares y simétricas que reciben el nombre de líneas de fuerza del imán o de campo magnético.

Ahora bien, nuestros estudios relativos a la naturaleza nos enseñan que el tamaño del imán no influye en esto.

Un imán es un imán, ya se trate de una barra de hierro de un par de centímetros de longitud o de la Tierra en que vivimos, y todos ellos poseen idénticas propiedades. Por consiguiente, el imán conocido con el nombre de Tierra, atrae los electrones que llegan a su campo magnético, lo mismo que un imán de juguete las limaduras de hierro que penetran en el suyo.

Por eso vemos que cuando los electrones se aproximan a la Tierra, son atraídos hacia sus polos, y los que atraviesan las capas exteriores de la atmósfera con dirección al Polo Norte, o hablando con más propiedad, al Polo Norte magnético, producen lo que llamamos las auroras boreales.

Para decirlo en pocas palabras: los electrones provenientes del viento solar, tienen carga negativa, y buscan el Polo Norte Magnético por tener carga positiva, y ese Polo Norte Magnético coincide con el Polo Norte Geográfico.

Ya tenemos, pues, la explicación tanto tiempo buscada de las auroras boreales, uno de los fenómenos más bellos que se producen en la naturaleza, explicación cuyo principal interés estriba, no ya en ser nueva, sino en ser una aplicación conjunta de los recientes descubrimientos relativos a la electricidad, la luz y el magnetismo.

No es, pues, de extrañar que, cuando ninguna de estas cosas eran suficientemente conocidas, los hombres no pudiesen explicarse las causas de las auroras boreales.

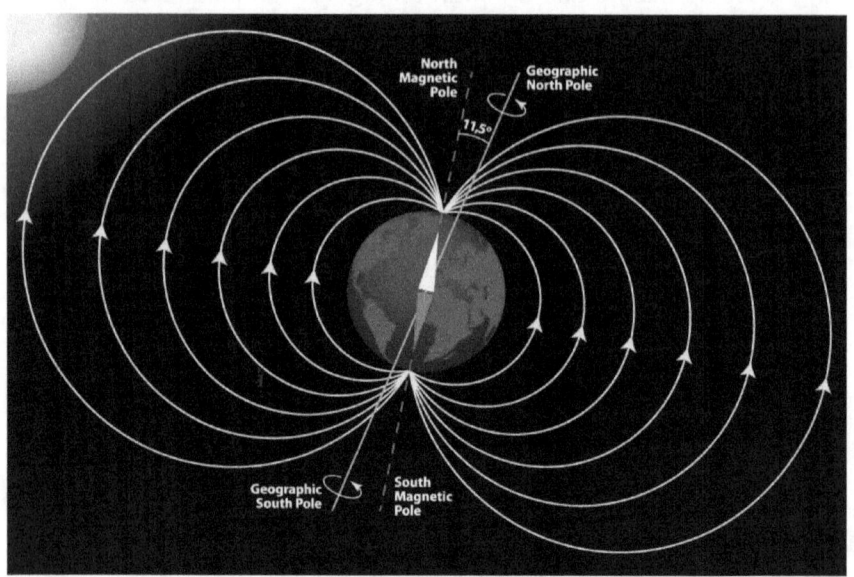

ACERCA DEL AUTOR

Pedro Daniel Corrado nació el 9 de Mayo de 1961 en el distrito federal Buenos Aires, Argentina. Estudió en instituciones educativas salesianas, y se graduó en 1979 en el colegio Pio IX.

Posteriormente recibió el título de Ingeniero en Electrónica en el Instituto Tecnológico de Buenos Aires con diploma de honor en Julio de 1987.

Fundó una empresa de Tecnología en Información en 1991 llamada PATH Sociedad Anónima.

Desde el año 1998 trabaja con la tecnología de bases de datos Oracle y PostgreSql, y sigue con gran dedicación la evolución del lenguaje Java, así como todo lo relacionado con los formatos de almacenamiento de información XML, y gestión de documentos.

www.ingramcontent.com/pod-product-compliance
Lightning Source LLC
Chambersburg PA
CBHW051818170526
45167CB00005B/2061